Vittorio Di Vito

PROGETTO PRELIMINARE DEL SISTEMA ELETTRICO PER UNA STAZIONE DI POMPAGGIO

Ingegneria Elettrica

Vittorio Di Vito
Progetto preliminare del sistema elettrico per una stazione di pompaggio

ISBN 978-1-4092-0790-0

© Copyright 2008 by Vittorio Di Vito

Per contattare l'autore: vittorio.di.vito@inwind.it

Editore: Lulu Inc., USA (www.lulu.com)

Dello stesso Autore:

Libri

Vittorio Di Vito, *Elementi di analisi ed ottimizzazione dei sistemi elettrici dissimmetrici*

Vittorio Di Vito, *Il calcolo della vita utile dei componenti elettrici*

Enrico Di Vito e Vittorio Di Vito, *La valutazione dell'inquinamento armonico e del relativo danno economico nei sistemi elettrici*

Vittorio Di Vito, *Esercitazioni di Misure Elettriche*

Monografie

Vittorio Di Vito, *Progetto dell'impianto elettrico in uno studio dentistico*

Vittorio Di Vito, *Regolazione della frequenza e della potenza di scambio in un sistema elettrico con interconnessioni di rete*

Vittorio Di Vito, *Preliminary review on optimization methods*

Progetto preliminare del sistema elettrico per una stazione di pompaggio

Vittorio Di Vito

Ricercatore, ha svolto significativa attività di ricerca nell'ambito dell'analisi ed ottimizzazione dei sistemi elettrici di potenza e nell'ambito dell'analisi di affidabilità dei componenti elettrici industriali.

Dopo la maturità classica, ha conseguito la laurea *cum laude* in Ingegneria Elettrica presso l'Università di Cassino, con specializzazione nell'indirizzo Energia. Successivamente ha conseguito il Dottorato di Ricerca in Ingegneria Elettrica e dell'Informazione presso il Dipartimento di Ingegneria Industriale della medesima Università.

La sua attività di ricerca nel campo dell'Ingegneria Elettrica spazia dai sistemi elettrici di potenza ai sistemi elettrici industriali ed ha portato al completamento di numerosi lavori scientifici, pubblicati su riviste a diffusione internazionale oppure presentati nell'ambito di congressi internazionali.

Alla ricerca ha affiancato anche l'attività di docente. E' stato, infatti, professore di Elettrotecnica, Elettromeccanica, Macchine Elettriche e Pratiche Elettriche e Misure presso la Scuola Nautica della Guardia di Finanza di Gaeta nonché è stato docente di Sistemi e Automazione presso l'Istituto Tecnico Industriale "E. Majorana" di Cassino.

Vittorio Di Vito è autore di quattro libri (*Elementi di analisi ed ottimizzazione dei sistemi elettrici dissimmetrici, Il calcolo della vita utile dei componenti elettrici, La valutazione dell'inquinamento armonico e del relativo danno economico nei sistemi elettrici* e *Esercitazioni di Misure Elettriche*) e quattro monografie (*Progetto dell'impianto elettrico in uno studio dentistico, Regolazione della frequenza e della potenza di scambio in un sistema elettrico con interconnessioni di rete, Progetto preliminare del sistema elettrico per una stazione di pompaggio, Preliminary review on optimization methods*).

PREMESSA

La presente monografia è costituita da un elaborato di consulenza per la realizzazione del sistema elettrico per una stazione di pompaggio di acqua, destinata all'alimentazione di un'estesa rete irrigua agricola a servizio di numerose municipalità, che l'Autore ha redatto e consegnato all'azienda committente nell'ambito della propria attività libero professionale.

La monografia, quindi, rappresenta uno strumento di sicura utilità tanto per i colleghi ingegneri (elettrici e non), che ricevono nell'ambito della professione incarichi di consulenza di tal genere, quanto per gli studenti di Ingegneria.

Il lavoro di progettazione di massima costituente la monografia riguarda il sistema elettrico di alimentazione (impianti in media e bassa tensione, macchine elettriche, impianto di terra, rifasamento, ecc.) delle pompe di sollevamento idrico di un grosso impianto di irrigazione, destinato alla copertura di una vasta area comprendente numerosi Comuni. Risulta peraltro ovvio che, al di là delle specificità del sistema in esame, le considerazioni generali di progetto qui esposte sono trasferibili a tutte le applicazioni analoghe.

L'elaborato di consulenza si articola nelle seguenti sezioni: premessa, normative di riferimento, descrizione dell'impianto, impianto elettrico in media tensione, trasformatori, impianto elettrico in bassa tensione, impianto di terra, motori elettrici, soft starters, rifasamento, analisi di massima delle soluzioni progettuali proposte.

Malgrado la cura posta nella redazione della monografia, l'Autore è ben consapevole della possibilità che essa contenga eventuali errori di stampa, pertanto sarà grato a quanti vorranno eventualmente dargliene comunicazione al seguente indirizzo e-mail: vittorio.di.vito@inwind.it.

Cassino, Giugno 2008

Vittorio Di Vito

Questa pagina è stata lasciata intenzionalmente bianca

INDICE

Questa pagina è stata lasciata intenzionalmente bianca

INDICE DELLE FIGURE

Questa pagina è stata lasciata intenzionalmente bianca

Vittorio Di Vito

Progetto preliminare del sistema elettrico per una stazione di pompaggio

Questa pagina è stata lasciata intenzionalmente bianca

INTRODUZIONE

Il progetto di massima costituente la presente monografia è stato realmente realizzato e consegnato all'azienda committente dall'Autore, nell'ambito della propria attività libero professionale.

Nell'elaborato di progetto preliminare di seguito riportato, pertanto, per ovvi motivi di tutela della privacy (tanto del Committente quanto dell'Autore), i dati sensibili, quali nome e recapito del Cliente, recapito e partita IVA dell'Autore e così via, sono stati omessi e sostituiti con dati di pura fantasia.

Questa pagina è stata lasciata intenzionalmente bianca

Elaborato:

RELAZIONE DI CONSULENZA

Committente:
Azienda Forniture Irrigue
Via Mario Bianchi, 1 - Milano

Sede dell'impianto:
Stazione di pompaggio di via della Bonifica, Milano

Tipologia dell'impianto:
Impianto Elettrico della Centrale di Sollevamento
"Fenice"

Incaricato della Consulenza:
Ing. Vittorio Di Vito
Via Carlo Rossi, 1 - Roma
Partita IVA 00000000000

Questa pagina è stata lasciata intenzionalmente bianca

RELAZIONE TECNICA DI CONSULENZA

Questa pagina è stata lasciata intenzionalmente bianca

RELAZIONE TECNICA DI CONSULENZA

1. OGGETTO DELLA CONSULENZA

L'oggetto delle attività di consulenza è il seguente:

1) reperimento della documentazione di riferimento presso l'Azienda Forniture Irrigue e/o presso la società incaricata della progettazione dell'impianto;

2) analisi di merito della documentazione progettuale;

3) analisi delle eventuali modifiche e/o soluzioni progettuali alternative in adempimento alle vigenti normative di sicurezza elettrica;

4) eventuale revisione del preventivo di spesa sulla base di quanto risultante al punto 3;

5) elaborazione documentazione tecnica di consulenza.

La presente relazione costituisce la documentazione tecnica di consulenza di cui al precedente punto 5.

2. PREMESSA

Ad evasione dell'incarico conferito all'Ing. Vittorio Di Vito (di seguito denominato Consulente Incaricato) dall'Azienda Forniture Irrigue, sita in Milano alla via Mario Bianchi n. 1 (di seguito denominato Committente), il Consulente

Incaricato ha provveduto ad effettuare completamente le attività oggetto della consulenza, specificate al paragrafo 1.

Le attività di cui in oggetto scaturiscono dall'esigenza da parte del Committente di provvedere al ripristino delle funzionalità della centrale di sollevamento denominata "Fenice", ubicata nella stazione di pompaggio di via della Bonifica, Milano. Tale esigenza si è presentata a seguito dell'incendio verificatosi in data 06 Luglio 2007, le cui cause sono ancora in corso di accertamento, domato a seguito dell'intervento dei VV.FF. di Milano nella medesima data.

In particolare, immediatamente dopo l'incendio sono stati eseguiti interventi di somma urgenza ai sensi dell'articolo n. 147 del Regolamento sui lavori pubblici approvato con D.P.R. n. 554 del 21 Dicembre 1999.

Le attività oggetto della presente consulenza si inquadrano, invece, tra gli interventi successivi intrapresi dal Committente e tesi al ripristino definitivo del servizio e delle condizioni di sicurezza e di esercizio dell'impianto.

3. DOCUMENTAZIONE E NORMATIVE DI RIFERIMENTO

Gli impianti dovranno essere realizzati a regola d'arte, pertanto l'impresa installatrice, munita dei requisiti previsti dalla legge, si dovrà impegnare ad osservare nella realizzazione degli stessi le norme e le leggi già esistenti e quelle che dovessero essere emanate nel corso dei lavori.

L'espletamento del complesso delle attività previste dall'incarico conferito al Consulente Incaricato da parte del Committente è stato effettuato in base a n. 3 sopralluoghi, avvenuti nei giorni 27 Luglio, 06 Agosto e 07 Settembre presso gli impianti di via della Bonifica.

Inoltre, è stata esaminata e debitamente considerata la documentazione reperita presso gli appositi uffici del Committente, consistente in quanto segue:

➤ fotocopia dello schema unifilare dell'impianto elettrico preesistente, affisso nei locali della centrale di sollevamento "Fenice" e non riferibile ad alcun numero di protocollo ufficiale;

➢ fotocopia della documentazione tecnica denominata "Disegno 6641-N-007" ed elaborata dalla società "*omissis*", riferita all'impianto preesistente;

➢ comunicazione avente per oggetto "Incendio Centrale via della Bonifica, Milano", inoltrata al Committente da parte di ENEL, Divisione Infrastrutture e Reti, Area di Business Rete Elettrica, Zona di Milano, datata 04 Agosto 2007, protocollo 0000;

➢ perizia tecnica relativa ai "lavori di somma urgenza per il ripristino delle apparecchiature elettromeccaniche della centrale di via della Bonifica - in Milano - distrutte dall'incendio del 6.7.2007", elaborata dal Settore Irrigazione dell'Azienda Forniture Irrigue, datata 14.07.2007 e consistente negli allegati n. 1 (denominato "Relazione tecnica"), n. 3 (denominato "Computo metrico estimativo"), n. 4 (denominato "Elenco prezzi"), n. 5 (denominato "Analisi nuovi prezzi"), n. 6 (denominato "Schemi elettrici"), n. 7 (denominato "Stima costi della sicurezza") e n. 9 (denominato "Documentazione amministrativa");

➢ comunicazione avente per oggetto "situazione adempimenti D.Lgs. 626/94", inoltrata al Committente dal RSPP tramite raccomandata A.R. del 15.07.2001, protocollata dal Committente stesso con n. 0000 del 03 Agosto 2007.

Per quanto riguarda, poi, la normativa di riferimento, dovranno essere osservate in particolare le seguenti norme e leggi:

➢ Norme CEI (Comitato Elettrotecnico Italiano) di riferimento specifico;

➢ D.P.R. n. 547/55: Norme per la prevenzione degli infortuni sul lavoro;

➢ Legge n. 186 del 01/03/1968: Disposizioni concernenti la produzione di materiali, apparecchiature, macchinari e l'installazione di impianti elettrici ed elettronici;

➢ Legge 46/90 e relativo regolamento di attuazione: Norme per la sicurezza degli impianti;

➢ Legge 626/94: Miglioramento della sicurezza e della salute dei lavoratori;

➤ D.Lgs. 209/99;

➤ Norma CEI 11-1: Impianti di produzione, trasporto e distribuzione di energia elettrica - Norme generali;

➤ Norma CEI 11-15;

➤ Norma CEI 11-17: Impianti di produzione, trasporto e distribuzione di energia elettrica. Linee in cavo;

➤ Norma CEI 11-18: Impianti di produzione, trasporto e distribuzione di energia elettrica. Dimensionamento degli impianti in relazione alle tensioni;

➤ Norma CEI 11-25: Calcolo delle correnti di corto circuito nelle reti trifasi a corrente alternata;

➤ Norma CEI 11-27: Esecuzione dei lavori su impianti elettrici a tensione nominale non superiore a 1000 V in corrente alternata e a 1500 V in corrente continua;

➤ Norma CEI 11-28: Guida d'applicazione per il calcolo delle correnti di corto circuito nelle reti radiali a bassa tensione;

➤ Norma CEI 11-37: Guida per l'esecuzione degli impianti di terra di stabilimenti industriali per sistemi di I, II e III categoria;

➤ Norma CEI 14-4: Trasformatori di potenza;

➤ Norma CEI 14-8: Trasformatori di potenza a secco;

➤ Norma CEI 14-12;

➤ Norma CEI 14-13;

➤ Norma CEI 17-5: Apparecchiature a bassa tensione. Parte 2: Interruttori automatici;

➤ Norme CEI 17-11: Apparecchiature a bassa tensione. Parte 3: Interruttori di manovra, sezionatori, interruttori di manovra-sezionatori e unità combinate con fusibili;

➤ Norma CEI 17-13/1: Apparecchiature assiemate di protezione e di manovra per bassa tensione (quadri BT) - Parte 1: apparecchiature soggette a prove di tipo (AS) ed apparecchiature parzialmente soggette a prove di tipo (ANS);

➢ Norma CEI 17-13/2: Apparecchiature assiemate di protezione e di manovra per bassa tensione (quadri elettrici per bassa tensione) - Parte 2: prescrizioni particolari per i condotti in sbarre;

➢ Norma CEI 17-44: Apparecchiature a bassa tensione. Parte 1: regole generali;

➢ Norma CEI 17-50: Apparecchiature a bassa tensione. Parte 4: contattori ed avviatori. Sezione 1: contattori e avviatori elettromeccanici;

➢ Norma CEI 20-13: Cavi con isolamento estruso in gomma per tensioni nominali da 1 a 30 kV;

➢ Norma CEI 20-14: Cavi isolati con polivinilcloruro per tensioni nominali da 1 kV a 3 kV;

➢ Norma CEI 20-19: Cavi isolati con gomma con tensione nominale non superiore a 450/750 V;

➢ Norma CEI 20-20: Cavi isolati con polivinilcloruro con tensione nominale non superiore a 450/750 V;

➢ Norma CEI 20-22: Prove di incendio sui cavi elettrici;

➢ Norma CEI 20-35: Metodi di prova comuni per cavi in condizioni di incendio;

➢ Norma CEI 20-40: Guida per l'uso di cavi in bassa tensione;

➢ Norma CEI 20-43: Ottimizzazione economica delle sezioni dei conduttori dei cavi elettrici per energia;

➢ Norma CEI 23-18;

➢ Norma CEI 23-31: Sistemi di canali metallici e loro accessori ad uso portacavi e portapparecchi;

➢ Norma CEI 23-32: Sistemi di canali di materiale plastico e loro accessori ad uso portacavi e portapparecchi per soffitto a parete;

➢ Norma CEI 23-39: Sistemi di tubi ed accessori per installazioni elettriche. Parte 1: prescrizioni generali;

➢ Norma CEI 23-54: Sistemi di tubi e accessori per installazioni elettriche. Parte 2-1: prescrizioni particolari per sistemi di tubi rigidi e accessori;

➢ Norma CEI 23-55: Sistemi di tubi e accessori per installazioni elettriche. Parte 2-2: prescrizioni particolari per sistemi di tubi pieghevoli e accessori;

➢ Norma CEI 32-1: Fusibili a tensione non superiore a 1000 V per corrente alternata e a 1500 V per corrente continua. Parte 1: prescrizioni generali;

➢ Norma CEI 32-4: Fusibili a tensione non superiore a 1000 V per corrente alternata e a 1500 V per corrente continua. Parte 2: prescrizioni supplementari per i fusibili per uso da parte di persone addestrate (fusibili principalmente per applicazioni industriali);

➢ Norma CEI 33-8: Condensatori statici di rifasamento di tipo non autorigenerabile per impianti di energia a corrente alternata con tensione nominale inferiore o uguale a 1000 V;

➢ Norma CEI 44-5: Sicurezza del macchinario. Equipaggiamento elettrico delle macchine;

➢ Norma CEI 64-2: Impianti elettrici nei luoghi con pericolo di esplosione o incendio;

➢ Norma CEI 64-8: Impianti elettrici utilizzatori a tensione nominale non superiore a 1000 V in corrente alternata e 1500 V in corrente continua;

➢ Norma CEI 64-14: Guida alle verifiche degli impianti elettrici utilizzatori;

➢ Norma CEI 81-1: Protezione delle strutture contro i fulmini;

➢ Norma CEI EN 50110 (CEI 11-48)

➢ Norma CEI EN 60079-14 (CEI 31-33);

➢ Norma CEI EN 60034-1 (CEI 2-3);

➢ Norma CEI EN 60298 (CEI 17-6): Apparecchiatura prefabbricata con involucro metallico per tensioni da 1 kV a 52 kV;

➢ Norma CEI EN 60947-1;

➢ Norma CEI EN 60947-3;

➢ Norma CEI EN 60947-4;

➢ Norma CEI-UNEL 35023/70;

➢ Norma CEI EN 60871-1 (CEI 33-18);

➢ Norma CEI-UNEL 35024/1: Cavi elettrici isolati con materiale elastomerico o termoplastico per tensioni nominali non superiori a 1000 V in corrente alternata e 1500 V in corrente continua. Portate di corrente in regime permanente per posa in aria;

➢ Norma CEI-UNEL 35026: Cavi elettrici isolati con materiale elastomerico o termoplastico per tensioni nominali non superiori a 1000V in corrente alternata e 1500V in corrente continua. Portate di corrente in regime permanente per posa interrata;

➢ Norma CEI-UNEL 35027: Cavi di energia per tensione nominale U sino a 1 kV con isolante in carta impregnata o elastomerico o termoplastico. Portate in regime permanente. Generalità per la posa in aria ed interrata.

4.   DESCRIZIONE DELL'IMPIANTO

Gli impianti oggetto degli interventi di ripristino cui il presente lavoro di supervisione si riferisce si trovano in Milano, in via della Bonifica e sono ospitati per la precisione all'interno del casello di bonifica ivi ubicato. L'area complessiva della sede del casello di bonifica è di mq 5000 e gli impianti elettrici cui ci si riferisce nel presente documento sono esclusivamente quelli dedicati alla centrale di sollevamento denominata "Fenice".

L'edificio all'interno del quale si trovano gli impianti (e che risulta danneggiato a seguito dell'incendio precedentemente citato) è costituito essenzialmente da un'area che ospita i trasformatori abbassatori MT/bt e da un'area che ospita i quadri elettrici in bassa tensione e le pompe di sollevamento. Tale descrizione rispecchia lo stato dell'edificio all'atto dei sopralluoghi e non è da ritenersi vincolante ai fini di futuri adeguamenti, siano essi finalizzati ad un più conveniente layout dei nuovi impianti oppure ad adeguamenti in funzione delle vigenti norme di sicurezza.

Lo schema generale di impianto è costituito dai seguenti componenti fondamentali:

➢ arrivo dell'alimentazione in media tensione trifase, attualmente esercita con neutro isolato (sistema IT), e relative protezioni;

➢ uno o più gruppi di trasformazione trifase da media tensione a bassa tensione e relative protezioni;

➢ un quadro elettrico di bassa tensione, comprensivo di sistema di sbarre trifase e relative protezioni;

➢ pompe di sollevamento in bassa tensione trifase.

L'oggetto dei paragrafi successivi sarà la descrizione dei criteri ingegneristici da applicare all'analisi delle ipotesi progettuali, soffermandosi su ciascun tipo di componente in maniera specifica.

A tal proposito, si ritiene opportuno sottolineare che in tale relazione verrà analizzata diffusamente (nel paragrafo 13) l'ipotesi progettuale prospettata, nell'ambito di appositi incontri tenutisi presso gli uffici del Committente, dal Committente stesso al Consulente Incaricato. Alla data della stesura della presente relazione, tale ipotesi progettuale risulta costituita da uno schema unifilare dell'impianto trifase che è stato opportunamente visionato presso gli uffici del Committente.

5.   ALIMENTAZIONE IN MEDIA TENSIONE

Per quanto riguarda gli impianti in media tensione (di seguito denominata sinteticamente MT), sarebbe consigliabile che il neutro fosse collegato a terra tramite impedenza. In realtà, nella rete elettrica ENEL in MT il neutro è isolato da terra.

Attualmente, comunque, la tendenza del medesimo Ente distributore è quella di esercire il neutro tramite collegamento a terra con impedenza, pertanto occorre prevedere che in futuro l'esercizio del ·neutro, anche nell'impianto di alimentazione MT della centrale di sollevamento in questione, sarà a terra con impedenza.

Ai fini del dimensionamento dell'impianto in oggetto, è fondamentale tenere conto del valore della potenza di corto circuito nel punto di consegna, cioè nel punto in cui avviene l'interfacciamento tra gli impianti dell'utente (il Committente) e quelli della società distributrice (ENEL Distribuzione). In particolare devono essere disponibili (forniti dal distributore) i valori tanto della potenza di corto circuito massima quanto di quella minima, anche se è realistico prevedere che sia disponibile il solo valore massimo. In realtà, comunque, nei grossi impianti industriali il fatto di trascurare gli effetti della potenza di corto circuito minima non è rigorosamente corretto.

Infatti, dalla potenza di corto circuito minima dipendono la caduta di tensione all'atto dell'avviamento di grossi motori e la distorsione della tensione dovuta alla presenza di carichi non lineari. Tale osservazione è da ritenersi particolarmente importante in relazione all'utilizzo di dispositivi non lineari del tipo dei soft-starters, che verranno discussi nel paragrafo 11.

Per quanto riguarda la potenza di corto circuito massima, invece, occorre sempre tenere presente che essa incide in maniera importante sul dimensionamento dei dispositivi di protezione ed ha pertanto un notevole impatto sui costi.

Si sottolinea, infine, che la potenza di corto è legata alla corrente di corto circuito, il cui valore influenza in maniera determinante il dimensionamento dei cavi e dei dispositivi di protezione. Tale legame è evidenziato dalla relazione seguente:

$$S_{cc} = \sqrt{3}UI_k \quad \text{[kVA]}$$

dove:

U   indica la tensione nominale (che, per definizione, nei sistemi trifase è quella concatenata),

S_{cc} è la potenza di corto circuito,

I_k è la corrente di corto circuito permanente trifase nel punto di interfaccia.

6. QUADRO DI MEDIA TENSIONE

Dai sopralluoghi effettuati, risulta che il vecchio sistema elettrico di alimentazione delle pompe di sollevamento "Fenice" è provvisto di dispositivi di manovra e protezione costituiti da un sezionatore ed un fusibile per ciascuna delle tre fasi. Dalle informazioni ricevute nel corso dei sopralluoghi stessi, appare evidente l'intenzione del Committente di adottare per il nuovo impianto un quadro in media tensione dotato di un sistema di manovra e protezione costituito da interruttori in SF6 (esafluoruro di zolfo).

A tal proposito, si ricorda che l'utilizzo di un quadro in media tensione isolato in esafluoruro di zolfo (SF6) consente di ottenere numerosi vantaggi. Tali vantaggi consistono nel fatto che l'isolamento diventa indipendente dalle condizioni ambientali (agenti inquinanti oppure umidità, che è un fattore essenziale nella centrale di sollevamento del Committente), quindi il quadro presenta maggiore affidabilità e minore necessità di manutenzione. Inoltre, l'utilizzo di un tale quadro nel nuovo impianto elettrico di alimentazione delle pompe "Fenice" comporterebbe minore ingombro rispetto alla soluzione con i sezionatori ed i fusibili.

Si ricorda, poi, che tali quadri possono essere di tipo blindato o di tipo protetto ma la soluzione più comune è quella blindata. Inoltre, si sottolinea che l'utilizzo di interruttori in SF6 potrebbe comportare, ma di solito è un evento piuttosto improbabile, un malfunzionamento a causa di possibili perdite dell'isolante gassoso.

7. TRASFORMATORI

Per quanto riguarda i trasformatori di abbassamento da MT a bassa tensione, le tipologie a secco ed immersi in liquido isolante sono trattate diffusamente nella norma CEI 14-4. Il trasformatore in liquido isolante, che è quello maggiormente impiegato, consente di raggiungere le tensioni e le potenze più elevate; per contro, però, tale tipo di trasformatore è soggetto all'inconveniente di andare incontro a possibili incendi per temperature dell'olio isolante dell'ordine dei 150 °C, pertanto nelle applicazioni all'interno occorre valutare in maniera adeguata la possibilità di impiego di trasformatori a secco, diffusamente trattati nella norma CEI 14-8.

Per quanto detto, è buona norma che i trasformatori immersi in olio isolante siano dimensionati in maniera tale che, durante il funzionamento a pieno carico, la temperatura dell'olio non ecceda i 90-100 °C. Per evitare tali problemi di infiammabilità dell'olio, in passato si era fatto uso di trasformatori dotati di isolamento in olio sintetico clorurato contenente policlorobifenili (PCB), assolutamente ininfiammabile.

Tale tipo di isolante, la cui presenza è stata riscontrata all'interno dei trasformatori presenti nella centrale di sollevamento del Committente, è soggetto all'articolo 5 del D.Lgs. 209/99, che stabilisce che tutti gli apparecchi contenenti olio contaminato con PCB per un volume superiore a 5 dm^3 devono essere smaltiti o decontaminati entro il 31 Dicembre 2010 se contengono PCB in quantità superiore allo 0.05% oppure, in caso contengano quantità di PCB comprese tra lo 0.005% e lo 0.05%, alla fine della loro esistenza operativa. Invece, se la quantità di PCB è inferiore allo 0.005%, non esistono obblighi di smaltimento né limitazioni all'uso degli apparecchi. In riferimento a tale prescrizione normativa, si consiglia il Committente di verificare, tramite apposita analisi di laboratorio della composizione dell'olio, la presenza di PCB e la sua concentrazione nei trasformatori della centrale di sollevamento, al fine di stabilire quali siano le eventuali azioni da intraprendere per garantire il rispetto del citato D.Lgs. 209/99.

Nella centrale di sollevamento in esame, all'atto dei sopralluoghi, è stato riscontrato l'utilizzo di trasformatori dotati di conservatore di tipo tradizionale. Si ricorda a tal proposito che, qualora il Committente mantenesse l'intenzione, esplicitamente espressa in sede di definizione delle linee generali del nuovo impianto elettrico, di utilizzare anche nei nuovi impianti dei trasformatori dello stesso tipo, nel caso in cui essi impieghino dei filtri contenenti silica-gel allo scopo di evitare l'assorbimento dell'umidità ambientale, occorre predisporre un adeguato programma di sorveglianza e manutenzione. Tale programma ha lo scopo di consentire la sostituzione di tutti i filtri in questione prima che questi siano saturati e, quindi, siano soggetti ad una consistente diminuzione delle loro efficacia nel preservare le proprietà dielettriche dell'olio.

Per quanto riguarda la connessione degli avvolgimenti dei trasformatori dalla media alla bassa tensione, si ricorda che essa non può che essere di tipo seguente: primario connesso a triangolo, secondario connesso a stella con neutro francamente a terra, gruppo 11 (ovvero di tipo Dyn 11).

L'utilizzo di trasformatori in olio rende necessaria l'adozione di opportuni provvedimenti allo scopo di limitare i pericoli derivanti da incendio. A tal fine, per fare fronte alla fuoriuscita di olio incendiato, è possibile adottare essenzialmente le seguenti due soluzioni:

- la creazione di una tramoggia che convoglia l'olio, dopo che è stato spento, in una vasca comune a più trasformatori;

- si ricava la vasca di raccolta nella stessa fondazione del trasformatore.

La norma CEI 11-1 affronta tali problematiche in maniera più diffusa ed approfondita.

All'interno del locale che ospita i trasformatori è opportuno (ed obbligatorio per i trasformatori di potenza superiore a 1 MVA) porre un muro tagliafiamma tra un trasformatore e l'altro, dotato di resistenza al fuoco per un tempo minimo di 90 minuti. Le pareti e la porta del locale, poi, devono essere in grado di resistere all'incendio per almeno 60 minuti. Inoltre, la parete deve essere più alta del trasformatore più alto (compreso il conservatore) e più larga della fossa dell'olio più larga. Al fine di meglio esplicitare quanto qui brevemente ricordato, si rimanda alla norma CEI 11-1.

La consuetudine progettuale prevede l'utilizzo di trasformatori di tipo ONAN, cioè raffreddati mediante circolazione naturale tanto dell'olio quanto dell'aria. Se si desidera aumentare le possibilità di erogazione di potenza da parte del trasformatore, naturalmente entro i limiti tecnici coerenti con il suo corretto impiego, si può ricorrere all'installazione di appositi ventilatori ad inserimento automatico, cioè a sistemi di tipo ONAF. Il funzionamento in modalità ONAF, comunque, comporta una riduzione del rendimento del trasformatore, pertanto deve essere limitato ai casi di assoluta necessità.

E' piuttosto usuale che, nella pratica, vengano utilizzati più trasformatori in parallelo, ritenendo che tale soluzione garantisca maggiore continuità di servizio. Tale motivazione non è del tutto condivisibile, in quanto, qualora si prospettasse l'utilizzo di più trasformatori in parallelo, si deve tener conto dei seguenti inconvenienti connessi a tale tipo di soluzione:

- maggiore complicazione nell'assicurare la selettività degli interruttori di protezione, con probabile fuori servizio di tutti i trasformatori in parallelo in caso di corto circuito tanto a monte quanto a valle del parallelo stesso;

- la potenza di corto circuito sulle sbarre in bassa tensione diventa n volte maggiore indicando con n il numero di macchine poste in parallelo.

Allo scopo di limitare le probabilità che il guasto su un solo trasformatore provochi il fuori servizio dell'intero sistema, occorre proteggere ciascun trasformatore ed i relativi montanti con apposite protezioni differenziali, che permettono la messa fuori servizio istantanea della zona protetta mediante apertura degli interruttori di media e di bassa tensione.

Per quanto riguarda, poi, l'aumento della corrente di corto circuito sulle sbarre di bassa tensione, ciò comporta un dimensionamento solitamente spropositato delle apparecchiature di bassa tensione.

Tali osservazioni rendono sconsigliabile l'adozione di soluzioni progettuali che prevedano l'utilizzo di più di due trasformatori in parallelo. In particolare, nel caso di potenza di corto circuito globale superiore a quella per la quale l'impianto è stato dimensionato, si correrebbero rischi gravissimi, tanto per le apparecchiature quanto per le persone presenti in prossimità delle stesse.

Per quanto concerne l'esercizio del neutro sul secondario del trasformatore (cioè sul lato bassa tensione), un impianto industriale dotato di propria cabina di trasformazione non può che essere del tipo TN-S. Si ricorda che il sistema TN-C, adottabile in alternativa, è pericoloso in caso di interruzione del conduttore PEN ed è proibito nei luoghi con pericolo di esplosione dalla vecchia norma CEI 64-2 e dalla nuova norma CEI 31-33. Qualora si utilizzasse un impianto in bassa tensione di tipo TT, tutti i circuiti dovrebbero essere sistematicamente protetti con un interruttore differenziale. La scelta del sistema TN-S è prevalente, oltre che per motivi fuori dall'oggetto della presente relazione, anche in quanto in un impianto utilizzatore alimentato con propria cabina di trasformazione non c'è alcun motivo per collegare il neutro ad un impianto di terra separato da quello delle masse in bassa tensione.

8.   QUADRO DI BASSA TENSIONE

In conformità alle apposite disposizioni normative e di legge, il progetto del quadro di bassa tensione deve essere eseguito in base ai criteri di dimensionamento elettrico delle condutture, di protezione dei circuiti contro le sovracorrenti (sovraccarichi e corto-circuiti) e di protezione delle persone contro i contatti indiretti.

In base alla norma CEI 64-8, la differenza tra la tensione a vuoto e la tensione che si riscontra in qualsiasi punto dell'impianto quando sono inseriti tutti gli utilizzatori ammessi a funzionare con il relativo fattore di contemporaneità deve essere inferiore al 4%.

La caduta di tensione viene calcolata a mezzo della formula seguente:

$$\Delta V_f = \sqrt{3}(I_B \cdot L \cdot R \cdot \cos\varphi + I_B \cdot L \cdot X \cdot \sin\varphi) \quad [V]$$

dove:

ΔV_f è la caduta di tensione, espressa in Volt;

I_B è la corrente di impiego, espressa in Ampère;

L   è la lunghezza della conduttura, espressa in metri;

R   è la resistenza del conduttore per unità di lunghezza, espressa in Ohm/metro;

φ è l'angolo di sfasamento.

Le sezioni dei conduttori devono essere scelte in modo da garantire il valore massimo di caduta di tensione stabilito nel presente paragrafo. Inoltre, è ovvio che le correnti di impiego delle condutture devono essere compatibili con le rispettive portate.

I singoli circuiti in bassa tensione dovranno essere adeguatamente protetti contro i sovraccarichi ed i corto-circuiti.

Per assicurare la protezione delle condutture contro i sovraccarichi, dovranno essere installati dei dispositivi che soddisfino le seguenti relazioni:

$$I_B \leq I_N \leq I_Z$$

$$I_f \leq 1.45 I_Z$$

dove:

I_B è la corrente di impiego della conduttura ed è espressa in Ampère;

I_N è la corrente nominale dell'interruttore ed è espressa in Ampère;

I_Z è la portata a regime permanente del cavo ed è espressa in Ampère;

I_f è la corrente convenzionale di sicuro intervento dell'interruttore ed è espressa in Ampère.

I dispositivi di protezione contro i corto-circuiti da utilizzare nell'impianto dovranno soddisfare le seguenti condizioni:

- il potere di interruzione del dispositivo di protezione dovrà essere superiore alla corrente di corto circuito presunta nel punto di installazione;

- il tempo di intervento dovrà essere inferiore a quello che porterebbe la temperatura del cavo oltre il limite ammissibile;

- la corrente di impiego dovrà essere minore i uguale alla corrente nominale del dispositivo;

- il dispositivo di protezione dovrà essere ubicato all'inizio della linea.

La condizione b) equivale a richiedere che sia soddisfatta la seguente relazione analitica:

$$\int_0^t I^2(t) \cdot dt \leq K^2 \cdot S^2$$

dove:

$\int_0^t I^2(t) \cdot dt$ è l'integrale di Joule valutato per la durata del corto-circuito (t) ed è espresso in $[A^2 s]$;

S è la sezione del conduttore ed è espressa in mm^2;

K è la costante del cavo e vale 115 per i cavi con conduttore in rame ed isolamento in PVC oppure 143 per i cavi con conduttore in rame ed isolamento in gomma GX.

Si ritiene opportuno ricordare che l'integrale di Joule rappresenta l'energia lasciata passare dall'interruttore durante il corto-circuito ed il secondo membro della relazione in oggetto rappresenta il limite di energia che il cavo può assorbire senza superare il suo limite massimo di temperatura, pertanto il soddisfacimento della relazione di disuguaglianza in questione equivale al soddisfacimento della condizione b).

In conformità alle apposite prescrizioni normative, l'impianto elettrico in oggetto dovrà essere dotato di adeguate protezioni contro i contatti diretti.

Le parti attive dovranno essere adeguatamente e completamente ricoperte con un isolamento, in maniera tale che siano soddisfatte le seguenti condizioni:

- dovrà essere impedito il contatto diretto con le parti attive;

- l'isolamento non dovrà poter essere rimosso se non mediante distruzione;

- l'isolamento dovrà essere in grado di resistere alle sollecitazioni meccaniche, termiche ed elettriche cui sarà soggetto durante l'esercizio.

Per quanto riguarda l'isolamento dei componenti elettrici costruiti in fabbrica, esso dovrà soddisfare le relative norme di riferimento.

Le parti attive dovranno essere racchiuse entro involucri o dietro barriere tali da assicurare almeno il prescritto grado di protezione.

9. IMPIANTO DI TERRA

Già si è discusso della tipologia di impianto da realizzare in relazione all'esercizio rispetto a terra del neutro ed alla gestione del collegamento a terra delle masse (paragrafo 7).

Per limitare gli effetti dannosi che possono essere subiti da una persona, in caso di guasto, a causa del valore e della durata della tensione di contatto, nell'impianto elettrico in oggetto dovranno essere installati, conformemente alle apposite normative vigenti, adeguati dispositivi per l'interruzione automatica dell'alimentazione.

Per i sistemi TT, la protezione mediante interruzione automatica del circuito si può ottenere coordinando in modo appropriato l'impianto di terra con i dispositivi di protezione automatica, in modo tale da assicurare la tempestiva interruzione del circuito guasto all'insorgere di una tensione di contatto presunta superiore a 50 Volt, per una durata sufficiente a causare rischio di effetti fisiologici dannosi in una persona in contatto con parti simultaneamente accessibili.

Pertanto, nei locali di tipo ordinario, in base alla norma CEI 64-8, le caratteristiche dei sistemi di protezione e la resistenza dell'impianto di terra dovranno soddisfare la seguente condizione:

$$R_A I_{dn} \leq 50$$

dove:

R_A è la somma delle resistenze dei conduttori di protezione (PE) e del dispersore ed è espressa in Ohm;

I_{dn} è la corrente differenziale nominale di intervento più elevata degli interruttori differenziali posti a protezione dell'impianto ed è espressa in Ampère.

Si ricorda, inoltre, che, in base agli orientamenti giuridici ormai consolidati, non è necessario rispettare il noto limite di 20 Ω per RA imposto dal D.P.R. 547/55 per i luoghi di lavoro, purché l'impianto rispetti la relazione suddetta.

Come noto, la norma CEI 64-8 impone l'interruzione dell'alimentazione entro determinati tempi ma solo nel caso in cui la tensione di contatto supera 50 V.

In un sistema TN, comunque, il controllo della funzionalità delle protezioni entro i tempi richiesti è assai complesso, in quanto richiede la disponibilità delle curve di intervento delle protezioni stesse ed il calcolo dell'impedenza dell'anello di guasto. Un modo molto semplice ma costoso per evitare tali difficoltà consiste nell'uso generalizzato di interruttori differenziali o di protezioni omopolari. Se, grazie alla maglia di terra, la tensione di contatto non supera i 50 V, la norma CEI 64-8 non richiede l'interruzione dell'alimentazione e viene meno ogni problema relativo all'impedenza dell'anello di guasto.

Ne segue che nella progettazione e nella messa in opera dell'impianto di terra in un sistema di tipo TN, quale è quello prospettato per il nuovo impianto "Fenice" del Committente, è raccomandabile l'uso della massima attenzione. A tale scopo, per un'analisi normativa completa, si rimanda alla Guida CEI 64-14.

Vale la pena notare, a tal proposito, che l'utilizzo di una rete di terra magliata, inoltre, serve anche a fronteggiare un guasto sulla media tensione.

Gli interruttori differenziali adoperati nell'impianto in questione, dovranno essere conformi alle norme CEI di riferimento e, a lavoro realizzato, sarà necessario verificare l'impianto di terra, in modo tale da controllarne il coordinamento con le protezioni differenziali.

10. MOTORI

Le pompe di sollevamento sono alimentate tramite appositi motori asincroni trifase. La potenza attiva nominale delle pompe dell'impianto "Fenice" è di 450 kW. A tal proposito, si ricorda che, in generale, in un impianto industriale i motori dovrebbero essere tutti del tipo chiuso a ventilazione esterna con grado di protezione IP55. In qualche ambiente al chiuso potrebbero essere adottati motori a ventilazione interna con grado di protezione IP23, ma non vale la pena di utilizzare motori con gradi di protezione differenti nell'ambito di un medesimo impianto.

Come noto, l'avviamento dei motori asincroni comporta problemi legati alle elevate correnti di spunto. Esse sono normalmente pari a 6-7 volte la corrente nominale, in dipendenza dalla taglia del motore stesso. Ciò pone problemi per la possibilità che i dispositivi di protezione intervengano in maniera inopportuna a bloccare la fase di avviamento dei motori asincroni, interpretando la corrente di spunto come una sovracorrente anomala. Allo scopo di evitare il verificarsi di simili situazioni, si raccomanda di utilizzare per la protezione dei motori asincroni a servizio delle pompe opportuni dispositivi concepiti ad hoc.

In particolare, si ricorda che, per tarare correttamente le protezioni dei motori asincroni, può essere opportuno il calcolo del tempo di avviamento t_a. A tal fine si può ricorrere all'utilizzo della seguente formula semplificata:

$$t_a = \frac{Jn}{9.55 C_a} \quad [s]$$

laddove:

C_a indica la coppia acceleratrice ed è espressa in Nm;

J è il momento di inerzia delle masse rotanti totale ed è espresso in kgm^2;

n   è la velocità di rotazione del motore ed è espressa in giri/min.

Con riferimento specifico alla tipologia di motori presenti nella centrale di sollevamento "Fenice", si ritiene opportuno sottolineare che un motore da 450 kW, solitamente ritenuto il più grande avviabile in bassa tensione (400 V), ha una corrente nominale di circa 880 A, avendo ipotizzato una potenza apparente di 610 kVA.

Un motore di tale potenza deve essere alimentato con cavi in parallelo, ad esempio con tre cavi da 240 mm^2, ognuno dei quali ha una reattanza di circa 0.1 Ω/km. Ciò implica una reattanza complessiva di circa 0.033 Ω/km e, di solito, per il calcolo della caduta di tensione dei grossi motori all'avviamento si tiene in considerazione solamente la componente reattiva, in quanto il fattore di potenza della corrente di avviamento di un grosso motore è molto piccolo.

Ne segue che, ipotizzando una corrente di avviamento pari al 600% di quella nominale, si ottiene una caduta di tensione reattiva allo spunto pari a 176 V/km, il che implica che per un motore di tale taglia la lunghezza massima dei cavi non dovrebbe mai superare i 100 m, corrispondenti ad una caduta di tensione complessiva del 7.65%, alla quale deve essere aggiunta la caduta di tensione calcolata alle sbarre in bassa tensione.

A tal fine si ricorda che, in genere, si accetta una caduta di tensione reattiva totale all'avviamento del 15%, anche se, secondo le norme, nessun contattore deve aprirsi per abbassamento di tensione fino al 25%. Si tenga conto del fatto che nell'impianto in questione sono presenti ben tre motori della taglia indicata.

Dai sopralluoghi effettuati è risultato che l'avviamento dei motori avviene a piena tensione (avviamento diretto), cioè senza fare ricorso ad esempio a dispositivi di avviamento di tipo stella-triangolo. Tale tipo di dispositivi di avviamento, comunque, è sconsigliabile, in quanto spesso, a causa della commutazione da un tipo di avvolgimento all'altro, nella realtà non si limita né la corrente di spunto né la coppia di spunto, come si può evincere da un'analisi specifica del transitorio di avviamento. Un altro tipo di avviamento indiretto, potrebbe essere quello consistente nell'uso di un apposito autotrasformatore. In tal caso, si tratterebbe di una soluzione solitamente costosa e piuttosto complicata dal punto di vista impiantistico a causa dei collegamenti tra il quadro ed il luogo in cui sono collocati gli autotrasformatori.

In realtà, non esistono problemi di avviamento diretto dei motori sulla bassa tensione, almeno fino a potenze di 200 kW. Oltre tali potenze, in effetti, sarebbe il caso di adoperare direttamente l'alimentazione dei motori in media tensione. A tal proposito, infatti, per lunghezze dei cavi fino a 200 m l'utilizzo dei motori in bassa tensione è meno costoso anche per potenze superiori a 200 kW. Si dovrebbe passare alla media tensione per semplicità impiantistica, dovuta essenzialmente all'utilizzo di un unico cavo di sezione ridotta rispetto a più cavi in parallelo di grossa sezione in bassa tensione.

In effetti, il Committente sembra essere orientato all'utilizzo di motori asincroni in bassa tensione e, per quanto concerne l'avviamento degli stessi, ha manifestato interesse in relazione al possibile utilizzo di sistemi elettronici di conversione statica del tipo soft-starters, sinteticamente analizzati nel paragrafo successivo.

11. SOFT-STARTERS

Fatto salvo quanto detto nel paragrafo precedente, nel caso si dovesse optare per l'utilizzo di dispositivi di avviamento di tipo soft-starters, si ricorda che in sostanza esistono due tipologie per tali dispositivi:

- ad inverters;

- a regolazione di fase.

I primi vengono normalmente utilizzati quando è necessario il controllo di motori asincroni a frequenza variabile mentre i secondi sono esclusivamente utilizzabili per l'avviamento di motori alimentati a frequenza costante. In realtà, i secondi dispositivi, nelle applicazioni più recenti, possono essere dotati anche di apposite funzioni software mirate ad ottenere un'ottimizzazione dell'assorbimento di energia durante il ciclo lavorativo della macchina controllata.

E' opportuno ricordare, però, che nell'uso di tali dispositivi dovrebbe essere opportunamente valutato l'impatto sul sistema in termini di inquinamento armonico e di incremento della potenza reattiva di tipo induttivo.

12. RIFASAMENTO

Il rifasamento serve essenzialmente ad evitare la penale che l'ente distributore applica quando il fattore di potenza è inferiore al valore predeterminato. Esso comporta vantaggi anche nell'impianto utilizzatore (cioè nell'impianto del Committente), limitatamente alla porzione di impianto a monte del punto di installazione dei condensatori stessi.

Esistono essenzialmente due tecniche di rifasamento: quella di tipo centralizzato e quella di tipo individuale, a ciascuna delle quali sono associati ben noti vantaggi e svantaggi.

La relazione di base universalmente utilizzata ai fini della determinazione della potenza reattiva capacitiva Q_c necessaria a conseguire il rifasamento dell'impianto è la seguente:

$$Q_c = P(tg\varphi - tg\varphi') \quad \text{[kVAr]}$$

dove:

P   indica la potenza attiva totale assorbita dall'impianto ed espressa in kW,

φ è l'argomento del fattore di potenza dell'impianto prima del rifasamento,

φ' è l'argomento del fattore di potenza che si vuole ottenere dopo il rifasamento.

13. ANALISI DI MASSIMA DELLE SOLUZIONI PROGETTUALI PROPOSTE

Poiché l'oggetto della presente relazione di consulenza è un'indicazione di massima dei criteri cui attenersi nella progettazione dei nuovi impianti elettrici di alimentazione delle pompe di sollevamento "Fenice" ed in conseguenza del fatto che il Committente, alla data di redazione del presente documento, ha prospettato soltanto una soluzione di tipo non ufficiale, nel presente paragrafo si eviterà di utilizzare schemi unifilari di impianto, ricorrendo invece all'impiego di schemi a blocchi, probabilmente di più chiara comprensione.

La soluzione progettuale prospettata dal Committente è riportata schematicamente in figura 1. Tale soluzione prevede l'utilizzo di tre trasformatori principali di potenza pari a 800 kVA, in parallelo sia sulla bassa che sulla media tensione. Con questo tipo di soluzione, come dettagliatamente argomentato nel paragrafo 7, si potrebbero avere numerosi inconvenienti.

In particolare, il Committente ha comunicato al Consulente Incaricato che il valore della corrente di corto circuito trifase massima sulla sbarra di bassa tensione sarebbe superiore ai 70 kA. Tale valore è ritenuto dal Consulente Incaricato molto elevato ed in particolare tale da pregiudicare assolutamente l'utilizzo dei sistemi di protezione delle pompe di tipo ABB Sace S7S 1250 PR212-LSIG1000, prospettati dal Committente, in quanto tali protezioni hanno potere di interruzione estremo inferiore al suddetto valore massimo della corrente di corto circuito presunta. Anche l'utilizzo di protezioni di tipo ABB Sace S7H non sarebbe assolutamente adeguato allo scopo, in quanto anche in questo caso il potere di interruzione estremo dei dispositivi sarebbe inferiore alla corrente di corto circuito presunta ai capi dell'interruttore.

Si tenga conto del fatto che tale situazione è da evitare in maniera assoluta e categorica, in quanto pregiudicherebbe in maniera definitiva la sicurezza dell'impianto, rendendolo soggetto a gravissimi rischi di esplosione ed incendio in caso di eventi di corto circuito. A ciò si aggiunga che tale situazione sarebbe del tutto contraria alle norme di buona progettazione, quindi assolutamente inaccettabile anche in senso normativo.

Da quanto detto, segue che la soluzione prospettata deve necessariamente essere riconsiderata, soprattutto con riferimento al dimensionamento dei sistemi di protezione.

Come è ovvio, nell'ambito della corretta progettazione dell'impianto elettrico di alimentazione delle pompe di sollevamento "Fenice", valgono tutte le osservazioni esposte nei paragrafi precedenti.

Allo scopo di ridurre la corrente di corto circuito massima presunta sulle sbarre di bassa tensione, si può prospettare una soluzione alternativa, riportata in figura 2, consistente nell'impiego di due trasformatori principali, di potenza ad esempio pari a 1000 kVA, in parallelo sulla media e sulla bassa tensione. Inoltre, allo scopo di assicurare la continuità del servizio anche in caso di avaria di uno dei trasformatori principali, si può inserire in tale soluzione progettuale un terzo trasformatore, di pari potenza, mantenuto in "riserva fredda", cioè normalmente non connesso ed inserito in circuito solo in presenza di un fuori servizio, programmato o non programmato, di uno dei due trasformatori principali.

Una terza ipotesi progettuale, riportata schematicamente in figura 3, potrebbe consistere nell'impiego di tre trasformatori da 800 kVA, in parallelo solamente sulla media tensione, ciascuno dei quali alimenterebbe uno dei tre motori contemporaneamente in servizio. Tale ipotesi nasce dal fatto che il Committente dichiara che le pompe in servizio contemporaneo sono solitamente soltanto tre, essendo la quarta una riserva da impiegare in caso di avaria di una delle tre o nell'ambito di una gestione delle pompe "a rotazione". In una tale situazione, ognuna delle pompe in funzione sarebbe alimentata da un singolo trasformatore e, per assicurare la continuità del servizio in caso di avaria di uno di questi, occorrerebbe sovradimensionare opportunamente i trasformatori rispetto al valore precedentemente indicato di 800 kVA e dotare il sistema di appositi congiuntori.

Nella figura 3, che rappresenta uno schema di principio da interpretarsi come eventuale punto di partenza per un doveroso eventuale approfondimento, per semplicità espositiva non sono riportati i congiuntori ed il resto dell'impianto.

Si tenga presente che in condizioni di breve durata è possibile sovraccaricare moderatamente i trasformatori senza pregiudicarne in maniera significativa la durata di vita.

Una quarta soluzione progettuale possibile potrebbe prevedere l'uso di un solo trasformatore, di potenza pari a 2000 kVA, per l'alimentazione di tutti i tre motori in servizio contemporaneo. Per garantire il voluto livello di continuità di servizio in tale situazione, si dovrebbe dotare l'impianto di un altro trasformatore, di pari potenza, da impiegare come "riserva fredda". Lo schema a blocchi di principio di tale soluzione progettuale è riportato nella figura 4.

Ai fini della valutazione quantitativa di ciascuna ipotesi progettuale prospettata o di eventuali soluzioni alternative che il Committente desiderasse esaminare, il Consulente Incaricato dichiara fin d'ora la propria disponibilità ad offrire la più ampia e qualificata collaborazione.

14. EVENTUALE   REVISIONE   DEL PREVENTIVO DI SPESA

Sulla base di quanto previsto al punto 4) del paragrafo 1 ("Oggetto della consulenza"), il Consulente Incaricato sottolinea che, alla data di elaborazione del presente documento, che si riferisce al punto 5) del citato paragrafo 1, risulta essere in possesso soltanto degli allegati 3 ("Computo metrico estimativo") e 4 ("Elenco prezzi") della perizia tecnica relativa ai "lavori di somma urgenza per il ripristino delle apparecchiature elettromeccaniche della centrale di via della Bonifica - in Milano - distrutte dall'incendio del 6.7.2007", elaborata dal Settore Irrigazione dell'Azienda Forniture Irrigue, datata 14.07.2007.

Il Consulente Incaricato, pertanto, sottolinea di non disporre di analoga valutazione economica riferita alla soluzione progettuale prospettata in prima istanza dal Committente e riportata schematicamente in figura 1. Procedendo sulla base di quanto detto, si ritiene di poter indicare, in linea di massima, soltanto il livello approssimativo di variazione di prezzo per le soluzioni progettuali alternative prospettate nel presente documento.

A tal proposito, si ricorda che le valutazioni qui riportate sono soggette a variazioni sul mercato reale anche molto significative, in virtù del fatto che i prezzi effettivamente praticati dipendono dal tipo di fornitore, dalla quantità di componenti acquistata, dalle condizioni di mercato e da fattori legati ad eventuali ribassi praticati o meno dai fornitori in corrispondenza di gare di appalto o simili.

Qualora si optasse per la soluzione progettuale riportata in figura 1, tenendo conto di quanto premesso ed adoperando le valutazioni del caso, si può presumere un aumento del costo di impianto dell'ordine di circa 10000 Euro per le protezioni e di circa 30000 Euro per i soft-starters (si veda il paragrafo 11).

Qualora si optasse per la soluzione progettuale riportata in figura 2, tenendo conto di quanto premesso ed adoperando le valutazioni del caso, si può presumere un aumento del costo di impianto dell'ordine di circa 6000 Euro per il costo aggiuntivo dei trasformatori e di circa 30000 Euro per i soft-starters (si veda il paragrafo 11).

Qualora si optasse per la soluzione progettuale riportata in figura 3, tenendo conto di quanto premesso ed adoperando le valutazioni del caso, si può presumere che il costo di impianto sia all'incirca dello stesso ordine di grandezza di quello relativo alla soluzione progettuale indicata in figura 1.

Qualora si optasse, infine, per la soluzione progettuale riportata in figura 4, tenendo conto di quanto premesso ed adoperando le valutazioni del caso, si può presumere un aumento del costo di impianto dell'ordine di circa 2000 Euro per il costo aggiuntivo dei trasformatori e di circa 30000 Euro per i soft-starters (si veda il paragrafo 11).

L'Ing. Vittorio Di Vito rimane a disposizione per eventuali chiarimenti e per il prosieguo del lavoro di progettazione.

Tanto si doveva in espletamento dell'incarico ricoperto.

Cordiali saluti
Ing. Vittorio Di Vito

ALLEGATI

Questa pagina è stata lasciata intenzionalmente bianca

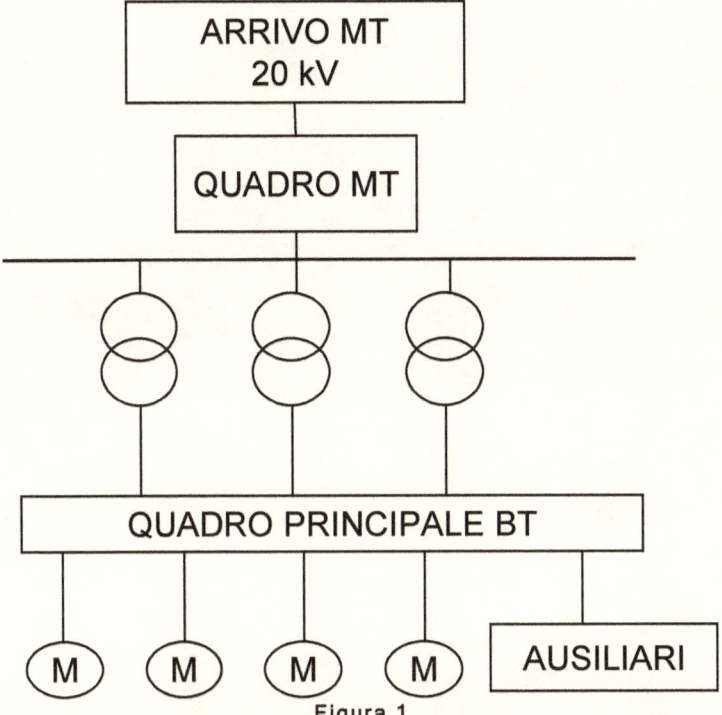

Figura 1
Schema a blocchi di massima dell'ipotesi progettuale
prospettata dal Committente

Questa pagina è stata lasciata intenzionalmente bianca

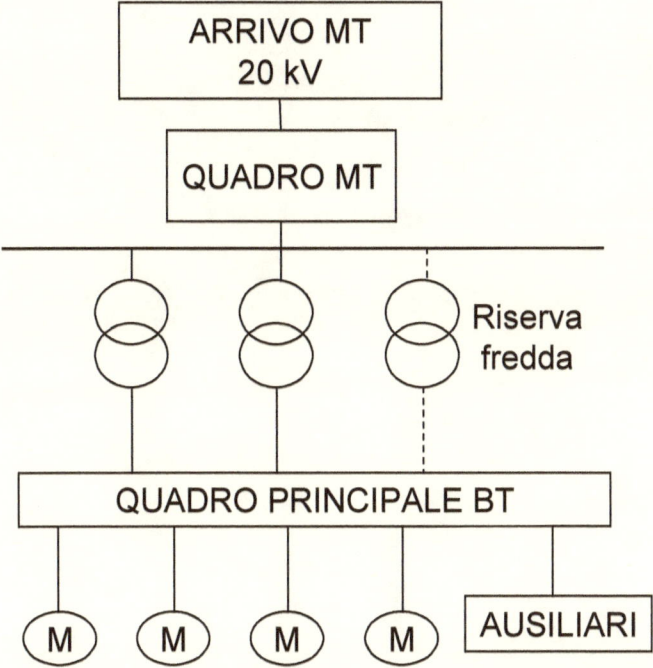

Figura 2
Schema a blocchi di massima della seconda ipotesi progettuale

Questa pagina è stata lasciata intenzionalmente bianca

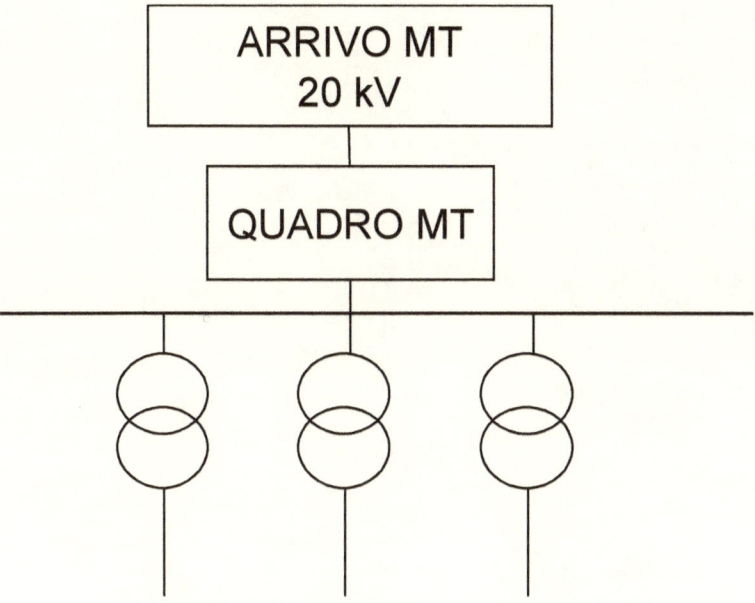

Figura 3
Schema di principio della terza ipotesi progettuale

Questa pagina è stata lasciata intenzionalmente bianca

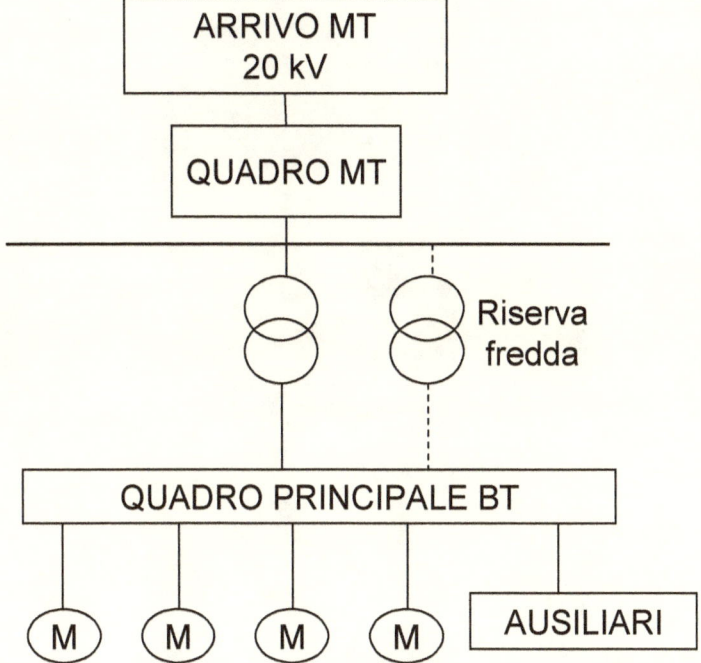

Figura 4
Schema di principio della quarta ipotesi progettuale

Questa pagina è stata lasciata intenzionalmente bianca

www.ingramcontent.com/pod-product-compliance
Lightning Source LLC
Chambersburg PA
CBHW021927170526
45157CB00005B/2210